Malojirao Bhosale

As hormonas gastrointestinais

Malojirao Bhosale

As hormonas gastrointestinais

ScienciaScripts

Imprint

Any brand names and product names mentioned in this book are subject to trademark, brand or patent protection and are trademarks or registered trademarks of their respective holders. The use of brand names, product names, common names, trade names, product descriptions etc. even without a particular marking in this work is in no way to be construed to mean that such names may be regarded as unrestricted in respect of trademark and brand protection legislation and could thus be used by anyone.

Cover image: www.ingimage.com

This book is a translation from the original published under ISBN 978-620-6-84334-4.

Publisher:
Sciencia Scripts
is a trademark of
Dodo Books Indian Ocean Ltd. and OmniScriptum S.R.L publishing group

120 High Road, East Finchley, London, N2 9ED, United Kingdom
Str. Armeneasca 28/1, office 1, Chisinau MD-2012, Republic of Moldova, Europe
Printed at: see last page
ISBN: 978-620-7-30517-9

Dedicado a,

A minha mulher Swati pelo seu apoio eterno, a minha filha Riya pelo seu amor.

Reconhecimento

O autor está grato a muitas pessoas que contribuíram direta ou indiretamente para o livro. A redação de um livro é uma tarefa colossal que não é possível sem a ajuda de muitas pessoas.

A minha mulher Swati encorajou-me a terminar este livro e a minha filha sacrificou o seu precioso "tempo" para que eu pudesse escrever um livro.

Gostaria de agradecer aos meus pais, o Sr. Sarjerao Bhosale e a Sra. Vijaya Bhosale, pelo seu apoio ao longo da minha vida. Estou grato aos meus professores e à minha família pelo seu encorajamento.

Gostaria de agradecer os esforços envidados pelos meus colegas para me manterem motivado enquanto escrevia este livro.

Dr. Malojirao S. Bhosale

Índice de conteúdo

O trato gastrointestinal é a maior glândula endócrina

Introdução:

O trato gastrointestinal segrega mais de 30 hormonas e uma grande quantidade de péptidos bioactivos para o intestino, o que faz dele a maior glândula endócrina, tanto em termos de tamanho como de número de hormonas segregadas. A secretina, a primeira hormona descoberta por Sterling e Bayliss (1901), era segregada pelo intestino. As hormonas intestinais são sintetizadas não só pelo TGI mas também por outras partes do corpo, como o cérebro, formando o chamado eixo intestino-cérebro.

As células produtoras de hormonas do intestino flutuam nos abundantes ácinos pancreáticos ou estão intercaladas na mucosa do intestino. As células enterocromafins, que se ligam ao sal de crómio, são o tipo de célula endócrina mais abundante do intestino. Estas células são também designadas por células de argentafina, uma vez que se ligam e reduzem os iões de prata. As células endócrinas do intestino são também capazes de sintetizar monoaminas. Tal como outras células APUD (amine precursor uptake and Decarboxylation), pensa-se que as células endócrinas do intestino derivam de células da crista neural. As células enterocromafins produzem somatostatina a partir do triptofano.

As hormonas peptídicas segregadas pelo intestino podem ser agrupadas em sete famílias com base na sua homologia estrutural,

1. A família das secretinas inclui a secretina, o VIP, o glucagon e os GLP-1 e GLP-2, a somatostatina, o péptido histidina-isoleucina, o péptido ativador da adenilil ciclase hipofisária.

2. A família das gastrinas é constituída pela gastrina e pela colecistoquinina.

3. A família de dobras PP é composta pelo polipéptido pancreático, pelo neuropeptídeo Y e pelo péptido YY.

4. A família das somatostatinas inclui a somatostatina e a corticostatina.

5. A família das taquicininas tem como membros a substância P e as neuroquininas.

6. A família da insulina inclui a insulina, a relaxina e os factores de

crescimento 1 e 2 semelhantes à insulina.

7. EGF   família tem epidérmico   epidérmico   epidérmico,
   anfiregulina   e o fator de crescimento transformador alfa como seus
membros.

Referências:

1. Ahlman, H., & Nilsson (2001). The gut as the largest endocrine organ in the body. *Annals of oncology: official journal of the European Society for Medical Oncology*, *12 Suppl 2*, S63-S68. https://doi.org/10.1093/annonc/12.suppl_2.s63.

2. Jaffe B. M. (1984). O trato gastrointestinal como órgão endócrino. *The Journal of thoracic and cardiovascular surgery*, **88(5 Pt 2)**, 880-883.

3. DelValle, J., & Yamada, T. (1990). O intestino como um órgão endócrino. *Revisão Anual Revisão de* Medicine, **41(1)**, 447–455. doi:10.1146/annurev.me.41.020190.002311

4. Rehfeld, J. F. (2016). O intestino endócrino. *Princípios de Endocrinologia e Ação Hormonal, 1-15.* doi:10.1007/978-3-319-27318-1_19-1

Substância P

A substância P é um neuropeptídeo de 11 aminoácidos da família das taquicininas segregado por várias células, como os neurónios do SNC e do SNP e as células imunitárias.

Genética:

A substância P, juntamente com outros membros das taquicininas, como a neuroquinina-A, a neuroquinina-B, o neuropeptídeo -K e o neuropeptídeo-gama (as formas N-terminais alargadas da neuroquinina-A são produzidas em resultado do splicing alternativo do gene TCA1. Está localizado no braço longo do cromossoma 7, no locus 7q21.3.

Mecanismo de ação:

A substância P liga-se a três receptores de neuroquinina: NK1R, NK2R e NK3R, que são expressos à superfície de células como os fibroblastos, as células imunitárias, os neurónios do SNC e do SNP, as células endoteliais, etc. A ligação da substância P aos receptores de neuroquininas leva à síntese de IP3/DAG (astrócitos) ou de AMPc (músculos lisos) de uma forma específica para cada célula, o que resulta em respostas de sensações emocionais através da libertação de citocinas, como as citocinas inflamatórias, ou da atividade dos canais iónicos.

A atividade da substância P é terminada pela reciclagem dos receptores NK através da internalização ou da interação com a beta-arrestina ou através da hidrólise da substância P não ligada pela p-endopeptidase (fluido extracelular) ou pela enzima de conversão da angiotensina (plasma).

Fisiologia:

1. Os membros da família das taquicininas funcionam como neurotransmissores que regulam a excitação dos nervos e a contração do músculo liso.

2. A substância P tem propriedades antimicrobianas contra bactérias e fungos.

3. A substância P medeia a angiogénese, a cicatrização de feridas e a inflamação.

4. A substância P sensibiliza os neurónios pós-sinápticos ao glutamato

libertado das terminações nervosas livres da pele que contêm nocorreceptores e termorreceptores em resposta à dor.

5. A substância P e o peptídeo relacionado com o gene da calcitonina libertados pelos neurónios sensoriais em resposta a lesões tecidulares levam à desgranulação dos mastócitos, resultando num processo designado por resposta em roda e em chama, caracterizado por vasodilatação e quimiotaxia das células imunitárias para o tecido danificado.

6. A substância P está indiretamente envolvida na atração das células imunitárias para o tecido inflamado, estimulando a expressão de interleucina-8 e aumentando a expressão de moléculas de adesão de leucócitos endoteliais (ELAM-1) essenciais para a diapedese.

7. A substância P baixa a tensão arterial através da vasodilatação, que depende da produção de óxido nítrico pelas células endoteliais.

8. A substância P está envolvida no reflexo do vómito e regula a motilidade gástrica, sensibilizando os músculos lisos do trato gastrointestinal à acetilcolina, um neurotransmissor da junção neuromuscular.

Correlações clínicas:

1) NK-1 recetor antagonistas podem ser utilizados como antidepressivos e agentes antieméticos.

2) A capsaicina do pimento interfere com o fator de crescimento nervoso necessário para a síntese da substância P, aliviando assim a dor.

3) A substância P está envolvida na fisiopatologia de várias doenças, como a emese, o enfarte do miocárdio, a asma, etc.

Referências:

1) Graefe SB, Rahimi N, Mohiuddin SS. Bioquímica, Substância P. [Atualizado em 2023 Jul 30]. In: StatPearls [Internet]. Treasure Island (FL): StatPearls Publishing; 2023 Jan- . Disponível em: https://www.ncbi.nlm.nih.gov/books/NBK554583/

2) Steinhoff, M. S., von Mentzer, B., Geppetti, P., Pothoulakis, C. e

Bunnett, N. W. (2014). Taquicininas e seus receptores: contribuições para o controle fisiológico e os mecanismos da doença. *Physiol Rev*,

94(1), 265-301.

3) Zieglgänsberger, W. (2019). Substância P e cronicidade da dor. *Cell Tissue Res.*, **375**, 227-241. https://doi.org/10.1007/s00441-018-2922-y.

4) Schwarz, M. J. & Ackenheil, M. (2002). O papel da substância P na depressão: implicações terapêuticas. *Dialogues in Clinical Neuroscience*, **4(1)**, 21-29. DOI: 10.31887/DCNS.2002.4.1/mschwarz.

Incretins

Introdução:

O conceito de incretinas no extrato intestinal que influenciam o pâncreas endócrino foi proposto por Moore, enquanto o nome incretinas (*INtestine* seCRETion *INsulin*) foi proposto por La Barre (1929). As incretinas, membros da superfamília do glucagon, são as hormonas derivadas do intestino segregadas pelas células endócrinas da parte superior do intestino delgado. Existem duas incretinas principais: o polipéptido insulinotrópico dependente da glucose, também designado por péptido inibitório gástrico (GIP) e o péptido-1 semelhante ao glucagon (GLP-1), que estimulam a secreção de insulina pelas células beta pancreáticas em resposta à glucose/gordura. O GIP, segregado pelas células K da parte superior do intestino delgado, é uma hormona de 42 aminoácidos envolvida na inibição da secreção gástrica e na estimulação da secreção de insulina. O GLP-1, segregado pelas células L do intestino delgado e do cólon, é uma hormona de 31 aminoácidos formada durante a formação do glucagon a partir do proglucagon. O GLP-1 pode ser amidado nos resíduos de arginina do terminal carboxi. Tanto as formas amidadas como as não amidadas do GLP-1 têm atividade insulinotrópica.

Genética:

Os genes do GIP e do proglucagon estão situados no braço longo do cromossoma 17 e no cromossoma 2, nos locus 17q21.3-q22 e 2q36-q37, respetivamente. Ambos os genes têm 6 exões. O proglucagon, quando processado através de clivagem proteolítica no intestino, gera GLP-1 e GLP-2, enquanto no pâncreas gera glucagon. O gene *gip* codifica um precursor de 153 aminoácidos que é submetido a uma modificação pós-tradução para produzir GIP de 42 aminoácidos. O gene proglucagon codifica um proglucagon de 160 aminoácidos que sofre uma modificação pós-tradução para produzir GLP-1 de 31 aminoácidos.

Mecanismo de ação:

As incretinas segregadas pelo intestino delgado são transportadas para as células beta pancreáticas através do sangue, onde estimulam a secreção de insulina. As incretinas ligam-se aos respectivos receptores acoplados à proteína G: o recetor GIP (GIPR) e o recetor GLP-1 (GLP-1R), activando e aumentando o nível de AMPc intracelular nas células β pancreáticas, estimulando assim a secreção de insulina dependente da glicose.

Os receptores de incretina, para além das células β pancreáticas, são também expressos no tecido adiposo, nos ossos e no cérebro.

Fisiologia:

1) Tanto o GLP-1 como o GIP têm efeito insulinotrópico, ou seja, estimulam a proliferação e previnem a apoptose das células β pancreáticas, aumentando assim a massa de células β. A atividade insulinotrópica das incretinas é rapidamente inactivada pela degradação proteolítica de dois aminoácidos N-terminais do GIP e do GLP-1 no plasma pela dipeptidil peptidase-4 (DPP-4). O GIP e o GLP-1 têm uma meia-vida de 5 e 2 minutos, respetivamente, antes da inativação pela DPP-4.

2) O GIP aumenta e o GLP-1 inibe a resposta pós-prandial, ou seja, após a refeição, do glucagon.

3) O GIP facilita a deposição de gordura no tecido adiposo.

4) O desenvolvimento ósseo é também influenciado pelas incretinas, promovendo a formação óssea (GIP) e inibindo a sua absorção (GLP-1).

5) A neurogénese, a formação da memória e o controlo do apetite são influenciados pelas incretinas no cérebro.

6) O GLP-1 está envolvido na motilidade gastrointestinal, na inibição do esvaziamento gástrico, na cardioprotecção e na redução da contratilidade cardíaca.

Correlações clínicas:

O efeito incretina do GIP e do GLP-1 está ausente ou diminuído nas pessoas que sofrem de diabetes mellitus de tipo 2. No entanto, a utilização farmacológica do GLP-1 é preservada, facilitando a sua utilização na redução dos níveis de glicose no sangue, na redução do apetite e na ingestão de alimentos. Devido ao efeito cardioprotector do GLP-1, o agonista do recetor de

GLP-1 liraglutide é utilizado para reduzir os eventos cardiovasculares em doentes de alto risco. Os medicamentos antidiabéticos, como a metformina e os inibidores da alfa-glucosidase, afectam direta ou indiretamente a secreção de incretinas.

Referências:

1) Moore, B. (1906).Sobre o tratamento da diabetes mellitus por extrato ácido da membrana mucosa duodenal. *Biochem J.*, **1**, 28-38

2) Zunz, E. e La Barre, J. (1929). Contributiona a l'etude des variations physiologiques de la secretion interne du pancreas: Relations entre les secretions externe et interne du pancreas. *Arch Int Physiol Biochim*, **31**, 20-44.

3) Seino, Y., Fukushima, M., e Yabe, D. (2010). GIP e GLP-1, as duas hormonas incretinas: Semelhanças e diferenças. *Journal of diabetes investigation*, **1(1-2)**, 8-23.

4) Nauck, M. A. e Meier, J. J. (2018). Hormonas incretinas: O seu papel na saúde e na doença. *Diabetes, obesidade e metabolismo, 20 Suppl*, **1**, 5-21.

5) Kim, W. e Egan, J. M. (2008). O papel das incretinas na homeostase da glucose e no tratamento da diabetes. *Pharmacological Reviews*, **60(4)**, 470-512.

Amilina

Introdução:

A amilina, também designada por polipéptido amiloide das ilhotas (IAPP), é um polipéptido de 37 aminoácidos co-armazenado e co-secretado com a insulina pelas células beta pancreáticas em resposta à glicose, aos lípidos e a aminoácidos como a arginina. É também segregado no TGI, nos gânglios espinais e em certas regiões do cérebro. A amilina é derivada de um precursor de proamilina com 67 aminoácidos de comprimento pelas pró-hormonas conversoras PC2 e PC1/3. É um membro da família dos *péptidos* relacionados com o gene da calcitonina (CGRP), juntamente com a calcitonina, a adrenomodulina e a intermedina. Todos os membros da família são caracterizados por uma única estrutura anelar intramolecular formada como resultado da ligação dissulfureto entre os resíduos de cistina da 2ª e 7ª posição e um terminal C amidado.

Genética:

O gene da amilina *IAPP* está localizado no braço curto do cromossoma 12, no locus 12p12.1. A amilina é segregada sob a forma de uma pré-proamilina de 87 aminoácidos, cujo péptido sinalizador N-terminal é removido para formar uma proamilina de 67 aminoácidos. A proamilina é processada no seu terminal C e no terminal N para formar a amilina madura 37 aminoácido amilina por ação da pró-hormona convertase 1/3, pró-hormona convertase 2, enquanto a carboxipeptidase E e a peptidilglicina alfa amidante monooxigenase estão envolvidas na amidação do terminal C. O terminal N sofre a formação de uma ligação dissulfureto.

Mecanismo de ação:

Os membros da família da calcitonina ligam-se a dois receptores: o recetor de calcitonina (CTR) e o recetor do tipo CTR (CLR). A especificidade dos membros da família para o recetor é mediada pela interação do recetor com as proteínas modificadoras da atividade do recetor (RAMP's). Os receptores pertencem à superfamília dos receptores acoplados à proteína G. Os CTR apresentam uma expressão específica dos tecidos nas suas variantes.

Os receptores de amilina são heterodímeros constituídos por uma unidade de CTR e RAMP. Existem três receptores de amilina, nomeadamente AMY1, AMY2 e AMY3, constituídos por CTR e RAMP1, RAMP2 E RAMP3, respetivamente.

A ligação da amilina ao recetor de amilina leva à geração de c-AMP como segundo mensageiro. A amilina também fosforila a quinase 1 e 2 regulada pelo sinal extracelular (ERK1/2), aumentando o efeito da amilina na alimentação e na ativação da via da beta arrestina.

Fisiologia:

1) A amilina é responsável pela redução do peso corporal, pelo abrandamento do esvaziamento gástrico, pela inibição da ingestão de alimentos e da autofagia, pela hipoglicemia, atravessando a barreira hemato-encefálica e interagindo com receptores distribuídos principalmente na área postrema (AP) do rombencéfalo caudal e na área tegmental ventral (VTA) do mesencéfalo.

2) A amilina sensibiliza a leptina induzindo a interleucina -6 (das células microgliais) e o recetor b da leptina do hipotálamo ventro-medial e do núcleo arqueado do hipotálamo.

3) As regiões do cérebro envolvidas no controlo metabólico desenvolvem-se sob a influência da amilina.

4) A amilina inibe a secreção de glucagon.

5) A amilina actua como neuro-hormona no sistema nervoso central.

6) Pensa-se que a amilina está associada ao stress do retículo endoplasmático, aos danos nas mitocôndrias e à rutura das membranas.

7) A amilina, em concentrações fisiológicas de 100pM, inibe a secreção de insulina pelas células beta pancreáticas e controla a proliferação das células beta dependente da glucose.

8) Amylin aumenta o gasto de energia ao aumentar a atividade do tecido adiposo castanho através do sistema nervoso simpático, reduzindo por sua vez os depósitos de gordura do corpo e regulando a proteína

termogénica uncoupling protein-1 (UCP-1).

Correlações clínicas:

1) A amilina agrega-se para formar amilóides que podem ser citotóxicos, provocando danos nas células beta e o desenvolvimento de diabetes tipo 2. Os resíduos de aminoácidos 20-29 são responsáveis pela formação de agregados de amilina nas células beta. Seis desses resíduos estão ausentes na amilina de roedores. Assim, a amilina não forma agregados nos roedores. Três resíduos de prolina nas posições 25, 28 e 29 na amilina de roedores impedem a formação de amiloide, que são substituídos por alanina, serina e serina, respetivamente, na amilina humana, tornando-a propensa à formação de amiloide.

Caixa 1:

O pramlintide, um análogo da amilina, reduz o peso corporal nos seres humanos, enquanto o antagonista seletivo dos receptores da amilina, AC187, bloqueia a ação da amilina, induzindo uma ingestão excessiva de alimentos que leva ao aumento de peso.

Referências:

1) Wu, F., Patel, A. e Jhamandas, J. H. (2013). Recetor de amilina: um alvo fisiopatológico comum na doença de Alzheimer e diabetes mellitus. *Fronteiras em Neurociência do Envelhecimento*, **5**, 1-4.

2) Foll, C. L. e Lutz, T. A. (2020). Amilina sistêmica e central, sinalização do recetor de amilina e seus papéis fisiológicos e fisiopatológicos no metabolismo. *Fisiologia abrangente,* **10**, 811-837.

3) Ludvik, B., Kautzky-Willer, A., Prager, R., Thomaseth, K., & Pacini, G. (1997). Amylin: história e visão geral. *Medicina diabética: um jornal da British Diabética Associação Britânica de Diabetes*, **14 Suplemento 2,** S9–S13. https://doi.org/10.1002/(sici)1096-9136(199706)14:2+3.3.co;2-4.

4) Liu, M., Li, N., Qu, C. *et al.* (2021). A deposição de amilina ativa a sinalização de HIF1α e 6-fosfofruto-2-quinase / frutose-2, 6-bifosfatase 3 (PFKFB3) em corações falidos de primatas não humanos. *Commun Biol.*, **4**, 188. https://doi.org/10.1038/s42003-

021-01676-3.

5) Lutz, T. A. e Meyer, U. (2015). Amilina na interface entre distúrbios metabólicos e neurodegenerativos. *Front. Neurosci.*, **9**, 216. doi: 10.3389/fnins.2015.00216

Gastrina

Introdução:

A gastrina foi descoberta e designada como gastrina por Edkins em 1905, tendo sido purificada a partir do antro gástrico do porco em 1964 por Gregory e Tracy. A gastrina é segregada pelas células "G" especializadas do antro pilórico do estômago em resposta a nutrientes, especialmente proteínas no estômago, ao péptido libertador de gastrina e aos secretagogos de gastrina, como os aminoácidos e o cálcio, enquanto a elevada concentração de iões H+ inibe a secreção de gastrina através da somatostatina.

Genética:

A gastrina é codificada pelo gene *GAST* localizado no braço longo do cromossoma
17 no locus 17q21.2. O gene codifica um precursor de 101 aminoácidos, a pré-progastrina, que sofre uma clivagem proteolítica para formar a progastrina. A progastrina forma a gastrina-34 e a gastrina-17 através de modificações pós-traducionais. A progastrina, a gastrina amidada e a gastrina estendida com glicina são todas biologicamente activas. No entanto, devido às condições das gastrinas no estômago, a gastrina-17 é a forma predominante.

Mecanismo de ação:

Os membros da família da gastrina interagem com dois receptores; o recetor CCK-1/CCKA tem uma elevada afinidade para a colecistoquinina, enquanto o CCK-2/CCK-B tem uma elevada afinidade tanto para a gastrina como para a colecistoquinina. O recetor CCK-2 é predominantemente expresso nas células parietais, nas células do tipo enterocromafins e nos neurónios do SNC e das células acinares pancreáticas. A ligação da gastrina aos receptores CCK-2 pertencentes aos receptores acoplados à proteína G resulta num aumento do Ca++ intracelular e da proteína quinase C (PKC).

A gastrina interage com os receptores CCK2R das células do tipo enterocromafins (ECL), estimulando a produção e a secreção de histamina. A histamina liga-se aos receptores de histamina-2 das células parietais, desencadeando a secreção de ácido gástrico. A secreção de ácido gástrico é aumentada pelos receptores CCK2R das células parietais.

Fisiologia:

1) A gastrina é expressa transitoriamente nos ilhéus pancreáticos durante o desenvolvimento embrionário. As células "G" são detectadas no estômago do embrião humano logo a partir das 12 semanas. Os níveis plasmáticos de gastrina nos recém-nascidos são cerca de três vezes superiores aos dos adultos e pensa-se que está envolvida no crescimento e desenvolvimento do trato gastrointestinal.

2) A gastrina também actua como neurotransmissor e fator de crescimento que controla o crescimento da mucosa fúndica, bem como das células epiteliais da mucosa noutros locais.

3) Estudos filogenéticos indicam que a gastrina e os péptidos semelhantes à gastrina desempenharam um papel importante na evolução das formas de vida multicelulares.

4) Níveis reduzidos de células parietais secretoras de ácido e baixos níveis de somatostatina estão implicados em níveis elevados de gastrina em recém-nascidos.

5) A gastrina modula a apoptose das células normais e transformadas, contribuindo para o desenvolvimento do tumor.

6) A gastrina aumenta a secreção de ciclooxigenase-2 (COX-2) nas células AGS-E, que é o passo limitador da taxa de formação de novos vasos sanguíneos, ou seja, a angiogénese no tumor.

Correlações clínicas:

1. Um tumor ectópico de secreção gástrica no duodeno e no pâncreas está associado à síndrome de Zollinger-Ellison. A síndrome de Zollinger-Ellison caracteriza-se por úlceras pépticas, diarreia, dores de estômago, queimaduras no peito, etc. A síndrome é tratada com antiácidos para reduzir a acidez e curar as úlceras pépticas.

2. Pensa-se que a propriedade de fator de crescimento da gastrina e dos seus receptores está envolvida no desenvolvimento do cancro.

3. Os níveis de gastrina estão elevados nos doentes que sofrem de anemia perniciosa.

4. Verifica-se uma redução do nível de ARNm da somatostatina e um aumento do nível de gastrina em doentes infectados com *Helicobacter pylori.*

Referências:

1) Debas H. T. (1987). Gastrin. *Clinical and Investigative Medicine*, **10(3)**, 222-225.
2) Dockray, G., Dimaline, R. e Varro, A. (2004). Gastrin: old hormone, new functions. *Pfl gers Archiv - European Journal of Physiology*, **449(4)**, 344-355.
3) Burkitt, M. D., Varro, A. e Pritchard, D. M. (2009). Importância da gastrina na patogénese e no tratamento dos tumores gástricos. *Revista mundial de gastroenterologia*, **15(1)**, 1-16.
4) Rahier, J. Pauwels, S. e Dockray, G. J. (1987). Biossíntese de Gastrina Localização dos Produtos Precursores e Peptídicos Utilizando Métodos de Microscopia Eletrónica-Imunogold. *Gastroenterology*, **92**, 1146-1152.
5) Duan, S., Rico, K. e Merchant, J. L. (2022). Gastrina: da fisiologia aos tumores malignos gastrointestinais. *Function*, **3 (1)**, 2022, zqab062. https://doi.org/10.1093/function/zqab062

Secretina

Introdução:

A secretina é a primeira hormona peptídica de 27 aminoácidos com um peso molecular de 3055 Da a ser descoberta por Sterling e Bayliss em 1901. Secretada pelas células "S" do intestino delgado nas criptas de Lieberkuhn, a secretina pertence à superfamília secretina-glucagon-peptídeo intestinal vasoativo. É segregada em resposta à presença de ácido gástrico e de produtos digestivos de gorduras e proteínas no duodeno.

Genética:

O gene da secretina humana está localizado no braço curto do cromossoma 11, no locus 11p15.5. O gene é constituído por quatro exões; o exão 2 codifica a hormona secretina. Nos mamíferos, o gene codifica um precursor de 121 aminoácidos que contém o péptido sinal N-terminal, a secretina e um péptido C-terminal de 72 aminoácidos.

Mecanismo de ação:

A secretina liga-se ao recetor da secretina presente nas células centroacinares e nos ductos do pâncreas, bem como no cérebro, nos neurónios do vago e nos tumores d o T G I . A ligação do recetor acoplado à proteína G da secretina gera c-AMP que se fosforila, resultando na libertação de fluido rico em bicarbonato do pâncreas exócrino.

Fisiologia:

1) Após o esvaziamento gástrico no duodeno, a secretina estimula a secreção de suco pancreático exócrino rico em água e electrólitos, como os biocarbonatos, que reduzem a acidez do conteúdo gástrico.

2) A secretina actua nas células "G" do antro pilórico, inibindo a secreção de ácido gástrico e a motilidade gástrica, ao mesmo tempo que estimula a secreção de pepsina gástrica, bílis, somatostatina e bílis.

3) Com o aumento da osmolalidade, a secretina é libertada pelos neurónios magnocelulares dos núcleos supra-ótico e paraventricular do hipotálamo que provocam libertação de vasopressina da da neuro-hipófise. A vasopressina, por sua vez,

aumenta o débito urinário.

4) A secretina demonstra características de indução de saciedade semelhantes a outros GIT quando administrada exogenamente através do sistema da melanocortina.

5) A secretina actua como uma neuro-hormona no sistema nervoso central.

6) A secretina tem efeitos pleiotrópicos em órgãos como o epitélio biliar.

7) A secretina diminui a pressão sobre o esfíncter esofágico inferior.

8) A secretina estimula a libertação de insulina após consumo de glucose.

9) A secretina aumenta a frequência cardíaca e o débito cardíaco sem efeito significativo no volume sistólico.

Significado clínico:

1) A síndrome da hormona antidiurética inapropriada (SIADH) caracteriza-se por uma falta de secreção de secretina que retarda a libertação de vasopressina do hipotálamo.

2) O pâncreas apresenta uma resposta diminuída à secretina em pessoas que sofrem de fibrose quística, resultando em secreções desidratadas e muco espesso.

3) A secretina pode ser utilizada para tratar o autismo, o transtorno invasivo do desenvolvimento e as crianças que sofrem de diarreia crónica ativa.

4) A secretina e os receptores de secretina podem ser utilizados para diagnosticar e tratar doenças biliares.

Referências:

1) Whitmore, T. E. Holloway, J.L., Lofton-Day, C.E., Maurer, M.F., Chen, L., Quinton, T.J., Vincent, J.B., Scherer, S.W. e Lok, S. (2000). Secretina humana (SCT): estrutura do gene, localização cromossómica e distribuição do mRNA. *Cytogenetics and Cell Genetics*, **90 (1-2)**, 47- 52.

2) DiGregorio N, Sharma S. Fisiologia, Secretina. [Atualizado a 1 de maio de 2023]. Em: StatPearls [Internet]. Treasure Island (FL): StatPearls

Publishing;

2023 Jan-. Disponível em: https://www.ncbi.nlm.nih.gov/books/NBK537116/

3) Afroze, S., Meng, F., Jensen, K., McDaniel, K., Rahal, K., Onori, P., Gaudio, E., Alpini, G., e Glaser, S. S. (2013). Os papéis fisiológicos da secretina e seu recetor. *Anais da medicina translacional*, **1(3)**, 29.

4) Thomas, H. (2016). Descobrindo os segredos da secretina. *Nat Rev Gastroenterol Hepatol* **13**, 315 (2016). https://doi.org/10.1038/nrgastro.2016.77.

5) Laurila, S., Rebelos, E., Honka, M. J. e Nuutila, P. (2021). Efeitos pleiotrópicos da secretina: Um potencial candidato a medicamento no tratamento da obesidade? *Frente. Endocrinol*, **12**, 737686. doi: 10.3389/fendo.2021.737686

Colecistoquina

Introdução:

A colecistoquinina (CCK) foi descoberta por Ivy e Oldberg (1928) e designada por colecistoquinina devido à sua capacidade de contração da vesícula biliar. Uma vez que também estimula a secreção de enzimas pancreáticas, foi também designada por pancreozimina por Harper e Raper (1943). A CCK é segregada pelas células "I" do intestino delgado e do duodeno em resposta a lípidos e proteínas. A CCK apresenta-se sob duas formas: CCK-58 e CCK-8. A CCK58 hormonal é a forma circulante predominante, enquanto a CCK-8 é a forma neuronal. A CCK madura tem sequências conservadas de quatro aminoácidos no terminal C (Trp-Met-Asp-Phe-NH2) e tirosina sulfatada na sétima posição do terminal C em todos os vertebrados. A sequência C-terminal conservada da CCK e da gastrina é a mesma, o que indica que os seus receptores e actividades são comuns.

A CCK é amplamente expressa nos mamíferos, incluindo o duodeno, o sistema nervoso periférico e central.

Genética:

O gene CCK de 7kb estava localizado no braço curto do cromossoma 3, no locus 3p21. O gene contém 3 exões que codificam a região promotora N-terminal, o péptido único e o domínio funcional.

Mecanismo de ação:

A colecistoquinina é libertada pelas células "I" em resposta a ácidos gordos de cadeia longa e a proteínas que interagem com o recetor GPR40 das células "I". A ligação da CCK a dois subtipos de receptores, CCK1R e CCK2R, leva ao aumento do Ca^{++} intracelular. O CCK1R medeia a contração da vesícula biliar, a pancreozimina e os efeitos da CCK na ingestão de alimentos através do Ca^{++}. A CCK e outros péptidos relacionados, como a caeruleína, têm uma ação miogénica direta nos músculos da vesícula biliar.

Fisiologia:

1) A CCK induz a saciedade, diminuindo assim a ingestão de alimentos.

2) A CCK está também envolvida no aumento da secreção de insulina.

3) A CCK funciona como neurotransmissor nos nervos periféricos que

inervam o intestino.

4) A CCK estimula o esfíncter de Odi, resultando na contração e relaxamento da vesícula biliar para libertar ácido biliar.

5) A CCK inibe o esvaziamento gástrico e a motilidade gástrica.

Correlações clínicas:

1) Os neurónios aferentes dos indivíduos obesos são insensíveis à CCK. Como resultado, os obesos sentem sempre fome.

2) O aumento dos níveis de CCK está envolvido na diminuição do tamanho e da massa das células dos ilhéus.

3) O cancro do pulmão de pequenas células e os cancros medulares da tiroide têm receptores CCK nas células tumorais.

4) A disfunção da vesícula biliar devido à ausência ou insensibilidade à CCK conduz a discinesia vesical, colecistite crónica acalculosa, discinesia biliar, etc.

Referências:

1) Liddle, R. A. (2003). Cholecystokinin. *Enciclopédia de Gastroenterologia.*

2) Takahashi, Y., Fukushige, S., Murotsu, T. e Matsubara, K. (1986). Estrutura do gene da colecistoquinina humana e sua localização cromossómica. *Gene*, **50(1-3)**, 353-360.

3) Yau, W.M., Makhlouf, G. M., Edwards, L. E. e Farrar, J. T. (1973). Mode of Action of Cholecystokinin and Related Peptides on Gallbladder Muscle (Modo de Ação da Colecistoquinina e Péptidos Relacionados no Músculo da Vesícula Biliar). *Gastroenterology*, **65(3)**, 451 - 456.

4) Okonkwo O, Zezoff D, Adeyinka A. Bioquímica, Colecistoquinina. [Atualizado a 1 de maio de 2023]. In: StatPearls [Internet]. Treasure Island (FL): StatPearls Publishing; 2023 Jan-. Disponível em: https://www.ncbi.nlm.nih.gov/books/NBK534204/

5) Wahlin, T., Bloom, G.D. e Danielsson, Å. (1976). Efeito da colecistoquinina-pancreozimina (CCK-PZ) na secreção de glicoproteínas da vesícula biliar do rato vesícula biliar epitélio da vesícula biliar do rato. *Células Tissue Res.* **171**, 425–435. https://doi.org/10.1007/BF00220235.

Péptido intestinal vasoativo

Introdução:

O péptido intestinal vasoativo foi descoberto por Said e Mutt (1972) a partir de extractos duodenais de suínos com "atividade vasodilatadora". O VIP é um péptido de 28 aminoácidos da superfamília secretina-glucagon com pelo menos 85% de homologia de sequência em todos os mamíferos, exceto nas cobaias. O VIP é um potente vasodilatador que se encontra amplamente distribuído pelos sistemas nervoso, digestivo, respiratório, cardiovascular, etc., com implicações na carcinogénese, nos ritmos circadianos e nas respostas imunitárias. Consequentemente, o VIP é sugerido como um agente terapêutico importante no tratamento de várias doenças, como a diarreia, a síndrome do intestino irritável, o cancro, etc. No entanto, a utilização terapêutica do VIP é limitada devido à rápida degradação do péptido, o que limita a sua biodisponibilidade e entrega.

Genética:

O gene VIP estava localizado no braço longo do cromossoma 6, no locus 6q24. O gene codifica um pré-proVIP de 179 aminoácidos e 9 kb que é clivado em proVIP de 149 aminoácidos pela peptidase de sinal do retículo endoplasmático. O VIP maduro é formado a partir do proVIP por ação de prohormonas conversoras, enzimas do tipo carboxipeptidase B e peptidil-glicina alfa-amidante monooxigenase (PAM). O péptido histimina metionina, um vasodilatador menos potente, também está presente no pré-proVIP.

Mecanismo de ação:

O VIP liga-se a três receptores: VPAC1, VPAC2 e PAC1. Os receptores VIP pertencem à superfamília dos receptores acoplados à proteína G. A ligação do VIP ao VPAC1 ativa a adenilato ciclase, que está envolvida na formação de um segundo mensageiro cAMP a partir do ATP. O AMPc, por sua vez, ativa a proteína quinase A e o regulador da condutância transmembranar da fibrose cística (CFTR). A ativação do CFTR, por sua vez, provoca a libertação de HCO_3^- (duodeno), a secreção electrogénica de Cl^- e HCO_3^- (íleo e cólon) e a secreção de Cl^- na vesícula biliar porcina.

No endotélio, o VIP interage com o VPAC1 para libertar NO,

resultando em vasodilatação, enquanto a ligação do VIP ao VPAC2 leva à ativação direta dos músculos lisos vasculares. A ativação do VPAC2 após a ligação do VIP inibe o bombeamento dos vasos linfáticos no edema associado à inflamação.

Fisiologia:

A ampla distribuição do VIP pelo corpo está relacionada com as suas vastas funções biológicas no corpo, tais como

1. Após estimulação por lipopolissacárido (LPS) de bactérias e citocinas inflamatórias, o VIP é expresso por células imunitárias como os linfócitos T e B, mastócitos e eosinófilos.

2. Tal como o GLP-1 e o GIP, o VIP medeia a secreção de insulina induzida pela glucose nos ilhéus pancreáticos.

3. O VIP relaxa os músculos lisos do revestimento do estômago através da ativação do VPAC2.

4. A ligação do VIP aos receptores VPAC1 das células D inibe a secreção de ácido gástrico.

5. O VIP induz a expressão da proteína da junção estreita zonula occludens-1, reduzindo assim a permeabilidade paracelular epitelial.

6. O VIP é um potente mediador anti-inflamatório que

    i. Desregula as citocinas e os mediadores pró-inflamatórios dos macrófagos e dos mastócitos.

    ii. Diferencia os linfócitos em linfócitos de tipo 2. iii. Aumenta a produção de linfócitos T reguladores.

    iv. Mantém a imunotolerância e a homeostase do intestino através da regulação das respostas imunitárias pelas células T e pelos receptores do tipo Toll.

8. O VIP estimula a contratilidade do coração e baixa a pressão sanguínea arterial.

9. O VIP funciona como neuromodulador/neurotransmissor no SNC ou no SNP.

9. O VIP desempenha um papel importante na manutenção da composição e da biodiversidade do microbiota intestinal.

Correlações clínicas:

1. O aumento do movimento de Cl- e de água no lúmen intestinal após a hipersecreção de VIP a partir de VIPomas ectópicos está implicado na diarreia de grande volume de água, na hipocalemia, no crescimento tumoral e na síndrome de Verner-Morrison devido à ativação da CFTR.

2. O nível plasmático elevado de VIP e o elevado número, imunoreactividade e conteúdo de triptase nos mastócitos são observados em doentes que sofrem de síndrome do intestino irritável.

3. A VPAC1, que é normalmente expressa em células epiteliais, está frequentemente sobreexpressa em adenocarcinomas da bexiga, da mama e do cólon, enquanto a VPAC2, que é normalmente expressa nos músculos lisos do TGI, está frequentemente sobreexpressa em tumores estromais de sarcomas e tumores neuroendócrinos.

4. A desregulação ou acumulação de VIP nas articulações está implicada numa doença óssea crónica e degenerativa chamada osteoartrite.

5. A propriedade anti-inflamatória do VIP é utilizada para tratar doenças auto-imunes como a diabetes tipo 1, a e s c l e r o s e múltipla, a sépsis, a doença de Crohn, etc.

6. O VIP é deficiente no soro e no tecido pulmonar de pacientes que sofrem de uma doença fatal chamada hipertensão pulmonar primária. A terapêutica com VIP é recomendada para aliviar os efeitos da doença sem quaisquer efeitos secundários.

Referências:

1. Iwasaki, M., Akiba, Y., & Kaunitz, J. D. (2019). Avanços recentes na fisiologia e fisiopatologia do peptídeo intestinal vasoativo: foco no sistema gastrointestinal. *F1000Research*, **8**, F1000 Faculty Rev-1629.

2. Jiang, W., Wang, H., Li, Y. S. *et al.* (2016). Papel do peptídeo intestinal vasoativo na osteoartrite. *J Biomed Sci.*, **23**, 63.

3. Bains, M., Laney, C., Wolfe, A. E., Orr, M., Waschek, J. A., Ericsson, A. C., & Dorsam, G. P. (2019). A deficiência de peptídeo intestinal vasoativo está associada a comunidades alteradas da microbiota intestinal em camundongos C57BL / 6 machos e fêmeas. *Fronteiras em microbiologia*, **10**, 2689.

4. Henning, R. J. e Sawmiller, D. R. (2001). Péptido intestinal vasoativo: efeitos cardiovasculares. *Cardiovascular Research*, **49 (1)**, 27-37.

Grelina

Introdução:

A grelina foi descoberta pela primeira vez como um secretagogo da hormona do crescimento que regula a secreção de GH por Kojima *et al.* (1999) a partir de um extrato de estômago de rato. A palavra grelina deriva de *Ghre* que significa crescer e in é um sufixo de *indução*. Foi a primeira hormona a ser descoberta que estimula o comportamento alimentar.

A grelina tem um peso molecular de 3372. É uma hormona da fome de 28 aminoácidos com n-octanoil ligado ao seu terceiro resíduo de serina. A n-octanoilação da hormona é essencial para a atividade biológica da grelina. A grelina existe em duas formas: a grelina n-octanoílica e a grelina des-acílica (27 aminoácidos), que são formadas como resultado de um splicing alternativo do gene da grelina. A N-octanoil grelina é a forma mais ativa da grelina. A grelina é acetilada pela grelina O-aciltransferase (GOAT). A expressão da grelina e da GOAT é regulada pelo estado nutricional do organismo. A grelina des-acilada difere da grelina n-octanoilada pela ausência de glutamina na 14ª posição. Ambas as formas são muito expressas nas células PD/D1 do estômago e, em menor grau, no intestino delgado e grosso, no pâncreas, nas gónadas, no hipotálamo, na pituitária, nas supra-renais e noutras áreas cerebrais, como o núcleo arqueado, o núcleo dorsomediano, etc.

O nível plasmático de grelina circulante é reduzido pela glicose e pelos aminoácidos, mas não pelos ácidos gordos livres, o que indica que a grelina não é regulada apenas pela carga calórica, mas por mecanismos específicos de deteção de nutrientes. O jejum, por outro lado, aumenta o nível circulante de grelina.

Genética:

O gene da grelina está localizado no braço curto do cromossoma 3, em 3p26-p25. É constituído por cinco exões que codificam um ARNm com 480-510 pb de comprimento, que é traduzido em 117 aminoácidos de pré-progrelina. A pré-progrelina é convertida em 94 aminoácidos de progrelina. A progrelina é clivada num único resíduo de arginina para formar grelina de 28 aminoácidos pela prohormona convertase PC1/3. A preprogrelina também contém um péptido bioativo de 23 aminoácidos denominado obestatina, que tem propriedades antagonistas, como a inibição da ingestão de alimentos e da motilidade intestinal, diminuindo o aumento de peso, etc.

Mecanismo de ação:

A grelina liga-se ao recetor da hormona de crescimento secretagogo (GHS- R1α), que é um membro da superfamília de receptores acoplados à proteína G. A ligação ativa a fosfolipase C, que hidrolisa o fosfatidilinositol 4,5-bisfosfato (PIP2) em diacilglicerol (DAG) e inositol 1,4,5-trifosfato (IP3). O DAG ativa a proteína quinase C, enquanto o IP3 interage com receptores específicos de IP3 do retículo endoplasmático, resultando na libertação de Ca^{++} no citoplasma.

A grelina interage com o eixo orexigénico hipotalâmico para desencadear a libertação do neuropeptídeo-Y e da proteína relacionada com a cutia, que não só reduzem o gasto energético como estimulam o apetite.

Fisiologia:

1) A grelina é um secretagogo da hormona do crescimento, ou seja, a ligação da grelina ao recetor do secretagogo da hormona do crescimento (GHS- R1α) estimula a secreção da hormona do crescimento a partir da hipófise.

2) A interação da grelina com o recetor GHS-R1α no hipotálamo leva à estimulação do apetite, ou seja, ao efeito orexigénico.

3) A "hormona da fome" aumenta a ingestão de alimentos e a acumulação de gordura.

4) Aumenta a motilidade intestinal e a secreção de ácido gástrico e inibe a libertação de insulina pelas ilhotas pancreáticas.

5) A grelina está envolvida no ritmo circadiano, com níveis aumentados de grelina em indivíduos privados de sono.

Correlações clínicas:

1) Os níveis de grelina são elevados nos indivíduos obesos, mesmo após as refeições. Consequentemente, a dieta não é um

método adequado para reduzir o peso dos indivíduos obesos.

2) Os indivíduos que sofrem da síndrome de Prader-Willi, uma síndrome caracterizada por hipotiroidismo, défice cognitivo, obesidade grave e hiperfagia, têm níveis elevados de grelina.

3) A grelina elevada está também implicada na anorexia nervosa e na caquexia.

4) A grelina pode ser utilizada para reduzir a inflamação pulmonar e melhorar a saúde cardíaca em doentes que sofrem de enfisema, um tipo de doença pulmonar obstrutiva crónica (DPOC).

5) Devido à sua presença em todos os cancros neuroendócrinos do TGI, a grelina pode ser utilizada como um potencial marcador para o diagnóstico de cancros.

6) Uma vez que a grelina estimula a motilidade intestinal, pode ser utilizada para tratar o íleo pós-operatório, a gastroparesia e a dispepsia funcional.

7) A utilização de miméticos orais da grelina é um teste seguro, fiável e mais simples do que o teste de tolerância à insulina na deteção da deficiência da hormona do crescimento.

8) O PF-5190457, um bloqueador dos receptores GHS-R1α, reduz o desejo de consumir álcool.

Referências:

1) Kaiya, H. (2016). Ghrelin. *Manual de Hormonas*, 183-e21A-7.

2) Young ER, Jialal I. Biochemistry, Ghrelin. [Atualizado em 2023 Jul 17]. In: StatPearls [Internet]. Treasure Island (FL): StatPearls Publishing; 2023 Jan.

3) Zhu, X., Cao, Y., Voodg, K. e Steiner, D. F. (2006). On the Processing of Proghrelin to Ghrelin. *Journal of Biochemistry*, **281 (50)**, 38867-38870.

4) Gualillo, O., Lago, F., Casanueva, F. F. e Dieguez, C. (2006). Um antepassado, vários péptidos As modificações pós-traducionais da preproghrelina geram vários péptidos com efeitos antitéticos. *Molecular and cellular endocrinology*, **256(1-2)**, 1-8.

5) Pradhan, G., Samson, S. L., e Sun, Y. (2013). Grelina: muito mais do que uma hormona da fome. *Opinião atual em nutrição clínica e cuidados metabólicos*, **16(6)**, 619-624.

Leptina

Introdução:

A leptina é uma proteína globular de 16 kDa com 146 aminoácidos, derivada de um precursor de 167 aminoácidos que também contém um péptido sinal de 21 aminoácidos. A leptina é secretada predominantemente pelos adipócitos do tecido adiposo branco e também pela medula óssea e pelas células epiteliais mamárias em menor quantidade. A síntese e a libertação de leptina são reguladas por factores ambientais; a obesidade e a alimentação aumentam, enquanto o exercício físico, a exposição a baixas temperaturas e o jejum diminuem os níveis de leptina no organismo. A leptina é segregada pelos adipócitos em resposta às reservas de energia, ou seja, os níveis de leptina são mais elevados em indivíduos com IMC e percentagem de gordura corporal elevados. Os níveis de leptina são mais elevados nas mulheres do que nos homens.

Genética:

A leptina é uma hormona proteica de 167 aminoácidos sintetizada pelo gene *Ob,* situado no braço longo do cromossoma 7, no locus 7q31.3, e que se estende por 18kb pares. O gene Ob tem três exões e dois intrões.

Mecanismo de ação:

A leptina actua ligando-se aos receptores de leptina situados nas regiões nucleares do hipotálamo. O gene do recetor da leptina está localizado no braço curto do cromossoma 1 (1p31) e contém 18 exões e 17 intrões. O gene codifica um recetor com 1162 resíduos de aminoácidos. O recetor da leptina, Ob-R, é um membro da superfamília de receptores de citocinas, existe em cinco isoformas, Ob-Ra a Ob-Re, com domínios extracelulares e intracelulares para ligação a duas leptinas. Das cinco isoformas, a Ob-Ra está envolvida no transporte da leptina através da barreira hemato-encefálica, enquanto a Ob-Rb é o recetor hipotalâmico da leptina.

A ligação da leptina ao Ob-Rb ativa a quinase Jak2 que, por sua vez, fosforila a STAT num resíduo de tirosina, resultando na dimerização da STAT. O dímero STAT é translocado para o núcleo, liga-se à região promotora dos genes para ativar a transcrição de neuropeptídeos como a hormona estimulante dos melanócitos (MSH), a hormona libertadora de corticotropina (CRH), o recetor da melanocortina-4 (MC-4) e o transcrito relacionado com a agouti (ART), que actuam para diminuir a ingestão de alimentos, ativar o sistema nervoso simpático e o metabolismo, aumentando assim o gasto de energia.

Na ausência/deficiência de leptina, é produzido o neuropeptídeo Y (NPY) que abranda o metabolismo, aumenta a ingestão de alimentos e ativa o sistema nervoso parassimpático. Tanto a leptina como os neuropeptídeos codificados pela leptina inibem a expressão do neuropeptídeo Y.

Fisiologia:

1) A leptina é uma hormona anorexígena que regula as alterações a longo prazo do metabolismo energético, diminuindo a ingestão de alimentos e aumentando o metabolismo energético.

2) Para além do seu papel na ingestão de alimentos e no equilíbrio energético, a leptina está também envolvida na reprodução (início da puberdade humana), na resposta imunitária e inflamatória, na hematopoiese, na angiogénese, na formação óssea e na cicatrização de feridas.

3) A leptina influencia o nível de péptidos orexigénicos, como a hormona concentradora de melanina, o neuropeptídeo Y, a proteína relacionada com a agouti (AgRP), a galanina, a orexina e o péptido semelhante à galanina (GALP)

4) Os péptidos anorexigénicos, como a neurotensina, a hormona libertadora de corticotropina (CRH), o fator neurotrófico derivado do cérebro, etc., são modulados pela leptina.

5) A leptina tem um efeito citoprotector gástrico em infecções por *H. pylori*, infecções entéricas por *Entamoeba histolytica* e lesões gástricas induzidas experimentalmente.

6) A leptina estimula a lipólise in vivo e in vitro do tecido adiposo branco, bem como a oxidação de ácidos gordos através da proteína cinase activada por cAMP.

Correlações clínicas:

1) Observam-se níveis baixos de leptina em condições como a fome, a amenorreia induzida pelo exercício, a anorexia nervosa, etc.

2) A leptina é um sinal de permissividade para o armazenamento de energia suficiente para a reprodução. Os humanos deficientes em LEP têm hipogonadismo hipotalâmico.

Referências:

1) Wada, N. (2021). Subcapítulo-48A Leptina. Manual de Hormonas, segunda edição, Endocrinologia Comparativa para Investigação Básica e Clínica (1), 573-575.

2) Friedman, J. M. (2019). Leptina e o controle endócrino do balanço energético. *Metabolismo da natureza.*

3) Bradley, R. A. e Cheatham, B. 1999. Regulation of Ob gene expression and leptin secretion by insulin and dexamethasone in rat adipocytes. *Diabetes*, **48**: 272-278.

4) Satoh, N. et al. 1997. Pathophysiological significance of the obese gene product, leptin, in ventromedial hypothalamus (VMH)-lesioned rats: evidence for loss of its satiety effect in VMH-lesioned rats. *Endocrinology*, **138**: 947-954.

5) Halleux, C. M. Servais, I., Reul, B. A., Detry, R. e Brichard, S. M. 1998. Multihormonal control of Ob gene expression and leptin secretion from cultured human visceral adipose tissue: increased responsiveness to glucocorticoids in obesity. *Journal of Clinical Endocrinology and Metabolism, 83 (3)*: 902-910.

6) Hager, J., Clement, K., Francke, S., Dina, C., Raison, J., Lahlou, N., Rich, N., Pelloux, V., Basdevant, A., Guy-Grand, B., North, M. e Froguel, P. 1998. A polymorphism in the 5' untranslated region of the human Ob gene is associated with low leptin levels. *International Journal of Obesity, 22*:200-205.

Motilina

Introdução:

A motilina é um péptido de 22 aminoácidos segregado pelas células "Mo" da parte superior do intestino delgado em resposta à entrada de alimentos não digeridos no estômago e no intestino delgado. A secreção de motilina é estimulada pelas gorduras, bem como pela acidificação do duodeno, enquanto os açúcares inibem a secreção. Os níveis de motilina são reduzidos durante a gravidez e em resposta à ingestão de alimentos. A motilina liga-se aos receptores de motilina presentes nas partes do trato gastrointestinal, como o intestino delgado e grosso, a vesícula biliar e o estômago.

Genética:

A motilina é codificada pelo gene da motilina de 9 kb mapeado no braço curto do cromossoma 6 no locus 6p21.3. O gene é constituído por 5 exões e 4 intrões.

Mecanismo de ação:

A ligação da motilina ao recetor da motilina, que pertence à superfamília dos receptores acoplados à proteína G, leva à ativação da enzima fosfolipase C. A fosfolipase C decompõe o PIP2 em DAG e IP3. O IP3 liga-se aos receptores de IP3 do retículo sarcoplasmático, o que resulta num aumento do Ca++ intracelular. O Ca++ provoca a contração da musculatura lisa da parede gástrica e intestinal, o que provoca a motilidade intestinal.

Fisiologia:

1) A motilina aumenta a motilidade do estômago e do intestino delgado, resultando na transferência do conteúdo não digerido para o intestino grosso através de um processo designado por complexo mioeléctrico interdigestivo ou complexo motor migratório (MMC).

2) A motilina estimula as células principais da mucosa gástrica,

resultando na produção de pepsina.

3) A motilina estimula o esvaziamento da vesícula biliar e a libertação de insulina dos ilhéus pancreáticos.

4) A motilina actua como uma hormona orexigénica que aumenta a fome.

5) A motilina é um potente secretagogo da hormona de crescimento que estimula a libertação da hormona de crescimento da hipófise.

Correlações clínicas:

1) A hipossecreção de motilina durante a gravidez está associada a obstipação, azia e estase da vesícula biliar. A secreção de motilina volta ao normal após uma semana do parto.

2) Os níveis plasmáticos de motilina estão aumentados na síndrome do intestino irritável, na síndrome de Zollinger-Ellison, em alguns indivíduos diabéticos e nas cólicas infantis e diminuídos na gastroparesia idiopática e na obstipação.

Referências:

1) Al-Missri MZ, Jialal I. Fisiologia, Motilin. [Atualizado 2022 Sep 26]. In: StatPearls [Internet]. Treasure Island (FL): StatPearls Publishing; 2023 Jan- . Disponível em:
https://www.ncbi.nlm.nih.gov/books/NBK545309/

2) Sakai, T. (2021). Subcapítulo 30B Motilin. Handbook of Hormones (Second Edition) Comparative Endocrinology for Basic and Clinical Research, Academic Press, (1), 325-328.

3) Kitazawa, T. e Kaiya, H. (2021). Estudo comparativo da motilina: Structure, Distribution, Receptors, and Gastrointestinal Motility. *Front. Endocrinol*, **12**, 1-24.

4) Rajkumar, R. P. (2021). Hormônios intestinais como potenciais alvos terapêuticos ou biomarcadores de resposta na depressão: O caso da Motilina. *Life.*, **11(9)**, 892. https://doi.org/10.3390/life11090892

Neuropeptídeo Y

Introdução:

O neuropeptídeo Y é uma hormona de 36 aminoácidos da família dos péptidos pancreáticos (PP) descoberta por Tatemoto e Mutt (1982). A família dos polipéptidos pancreáticos também inclui o péptido YY e o polipéptido pancreático. Os membros da família PP são caracterizados por um resíduo de tirosina amidado no terminal C, um péptido longo de 36 aminoácidos e uma dobra PP. A dobra PP é constituída por uma hélice de poliprolina e uma hélice alfa unidas através de uma curva beta. Devido à abundância de tirosina (designada por "Y"), esta hormona é designada por neuropeptídeo Y.

É um dos péptidos orexigénicos mais abundantes no cérebro e altamente conservado durante a evolução, o que indica o seu papel na regulação de funções fisiológicas essenciais. O sistema NPY de regulação da alimentação envolve o núcleo arqueado, onde o NPY é sintetizado, e os núcleos paraventricular, dorsomedial e ventro-medial do hipotálamo, onde se liga aos receptores NPY. As plaquetas circulantes e o TGI também segregam o neuropeptídeo Y. O neuropeptídeo Y e o peptídeo YY são degradados pela dipeptidilpeptidase IV/CD26, que cliva os dois primeiros aminoácidos do NPY para formar o NPY 3-36, que se liga preferencialmente aos receptores Y2 e Y5.

Genética:

O neuropeptídeo Y é codificado por uma cópia única do gene NPY, localizado no braço longo do cromossoma 7, no locus 7q15.1. O gene de 8kbp é constituído por quatro exões e três intrões. O ARNm do neuropeptídeo Y é um ARN de 551 pb que é traduzido no péptido precursor de 97 aminoácidos do NPY.

Mecanismo de ação:

O neuropeptídeo Y regula o comportamento alimentar através da interação com seis receptores do neuropeptídeo Y; Y1 a Y6 que são codificados por três genes Y. Todos os receptores Y, exceto o Y6, estão presentes em todos os mamíferos. Estes receptores pertencem a três subfamílias Y1, Y2 e Y5.

Os receptores do neuropeptídeo Y pertencem à classe A ou à superfamília dos receptores acoplados à proteína G do tipo rodopsina. A ligação do neuropeptídeo Y ao recetor leva à inibição da enzima adenilato ciclase, impedindo assim a produção de AMPc. Os canais de Ca++ ou K+ são modulados. A ligação do neuropeptídeo Y aos receptores Y2 e Y4 leva à ativação da fosfolipase C, que hidrolisa o PIP2 em IP3 e DAG. O DAG ativa a proteína quinase C, enquanto o IP3 desencadeia a libertação de Ca++ do retículo sarcoplasmático dos músculos lisos.

Fisiologia:

1. Estudos que envolvem a injeção de anticorpos anti-NYP nos núcleos paraventricular e ventro-medial, a injeção de oligonucleótidos anti-sentido NYP e estudos de terapia genética indicam que o neuropeptídeo Y estimula a ingestão de alimentos, reduz a latência para comer e a saciedade.

2. O NPY modifica as preferências alimentares quando injetado no terceiro ou quarto ventrículo.

3. O neuropeptídeo Y é coexpresso com a norepinefrina e actua como neurotransmissor.

4. Os NPY segregados pelos adipócitos estimulam a adipogénese.

5. O NPY actua como um potente vasoconstritor que contrai a circulação esplâncnica, estimula o crescimento das células musculares lisas vasculares, a remodelação cardíaca e a angiogénese no sistema cardiovascular.

6. O NPY reduz a motilidade gástrica e do intestino delgado, a secreção de fluidos e de electrólitos no intestino.

7. O neuropeptídeo Y restringe o início da puberdade em primatas ao afetar inversamente o gerador de impulsos de GnRH.

Correlações clínicas:

1. O neuropeptídeo Y está implicado em várias condições clínicas, como a pancreatite, as doenças inflamatórias intestinais e o intestino curto.

2. Uma vez que o neuropeptídeo Y, juntamente com o peptídeo relacionado com a agouti e o GABA, é segregado pelos neurónios dos núcleos arqueados da hipótese, são também designados por NPY-AgRP-GABA. Estes neurónios medeiam o aumento da ingestão alimentar, diminuem o gasto energético e iniciam a cetogénese. As perturbações destas vias metabólicas conduzem à síndrome metabólica.

3. O neuropeptídeo Y está também implicado em doenças

cardiovasculares como a aterosclerose, a isquémia cardíaca e a hipertensão.

4. A desregulação do neuropeptídeo Y está associada a perturbações comportamentais extremas.

5. Verifica-se um aumento do tamanho dos adipócitos em condições hiperinsulinémicas devido à ação antilipolítica do NPY.

Referências:

1. Vona-Davis, L. C., & McFadden, D. W. (2007). Família de hormonas NPY: relevância clínica e potencial utilização em doenças gastrointestinais. *Tópicos actuais em química medicinal*, **7(17)**, 1710-1720.

2. Yi, M., Li, H., Wu, Z., Yan, J., Liu, Q., Ou, C. e Chen, M. (2018). A Alvo terapêutico promissor para as doenças metabólicas: Neuropeptide Y Receptors in Humans. *Cellular Physiology and Biochemistry*, **45 (1)**, 88-107.

3. Huang, Y., Lin, X. e Lin, S. (2021). Neuropeptídeo Y e Síndrome do Metabolismo: Uma atualização sobre as perspectivas das estratégias de intervenção terapêutica clínica. *Fronteiras em biologia celular e do desenvolvimento*, **9**, 695623.

4. Tan, C. M. J., Green, P., Tapoulal, N., Lewandowski, A. J., Leeson, P., e Herring, N. (2018). O papel do neuropeptídeo Y na saúde e doença cardiovascular. *Fronteiras em fisiologia*, **9**, 1281.

5. El Majdoubi, M., Sahu, A., Ramaswamy, S., e Plant, T. M. (2000). Neuropeptide Y: A hypothalamic brake restraining the onset of puberty in primates. *Actas da Academia Nacional das Ciências dos Estados Unidos da América*, **97(11)**, 6179-6184.

6. Cohen, H., Liu, T., Kozlovsky, N., Kaplan, Z., Zohar, J., e Mathé, A. A. (2012). O sistema neuropeptídeo Y (NPY) -érgico está associado à resiliência comportamental à exposição ao stress num modelo animal de perturbação de stress pós-traumático. *Neuropsychopharmacology official publication of the American College of Neuropsychopharmacology*, **37(2)**, 350-363.

Somatostatina

A somatostatina, também conhecida como *hormona* inibidora da hormona do crescimento (GH- IH) ou hormona inibidora da libertação de somatotropina, é uma hormona peptídica cíclica presente em duas formas: somatostatina-14 (SS-14) e somatostatina-28 (SS-28). A somatostatina é produzida como uma pré-prosomatostatina de 116 aminoácidos que forma uma prosomatostatina de 92 aminoácidos quando o péptido sinal de 24 aminoácidos é clivado da pré-prosomatostatina. As somatostatinas maduras, ou seja, SS-14 e SS-28, são formadas como péptidos cíclicos por clivagem da prosomatostatina a partir do terminal C. A SS-14 é expressa nas células delta pancreáticas, no hipotálamo, no SNC e no sistema nervoso periférico, enquanto a SS-28 é expressa nas células "D" do trato gastrointestinal.

A somatostatina é segregada em resposta a aminoácidos, glicose, gordura, bem como aos sistemas adrenérgico e muscarínico. A somatostatina tem uma semi-vida curta, inferior a um minuto.

Para além da somatostatina, o gene também codifica um péptido de 13 aminoácidos chamado **neuronostatina**, que é altamente expresso no hipotálamo, baço, pâncreas e cérebro e está envolvido na manutenção da pressão arterial, ingestão de alimentos e função neuronal.

A somatostatina é desactivada por recaptação pelas células enterocromafins ou por degradação pela enzima monoamina oxidase no fígado e nos pulmões, sendo excretada como ácido 5-hidroxiindol acético.

Genética:

A somatostatina é codificada pelo gene da somatostatina SST, localizado no braço longo do cromossoma 3, no locus 3q27.3. O gene de 1,6 kb é constituído por 2 exões que ladeiam um único intrão. Até à data, foram identificados seis genes da somatostatina.

A somatostatina é o gene ancestral expresso em todos os vertebrados. A somatostatina 2 (ou cortistatina) é um antagonista parcial da somatostatina 1 e é expressa no cérebro, mas não no pâncreas ou no intestino, enquanto a somatostatina 3 é produzida como resultado de duplicações em tandem da somatostatina 1. Os 3R específicos dos teleósteos dão origem à somatostatina 4, enquanto a somatostatina 5 é produzida como resultado da duplicação de todo o genoma durante a evolução inicial dos vertebrados. A somatostatina 6 é um produto de duplicação em tandem da somatostatina 2. Exceto a somatostatina 1, o papel dos outros genes da somatostatina não está claramente definido.

Mecanismo de ação:

A somatostatina liga-se a seis receptores de somatostatina (SSTR1, SSTR2A, SSTR2B, SSTR3, SSTR4 e SSTR5) pertencentes à superfamília de receptores acoplados à proteína G. O SSTR5 tem uma forte afinidade pelo SS-28, enquanto os outros receptores se ligam fortemente ao SS-14.

A ligação da somatostatina ao recetor de somatostatina leva à fosforilação do recetor de somatostatina, que é então internalizado nos endossomas ou nas vesículas revestidas de clatrina para ser encaminhado para a membrana plasmática ou para a proteólise. Uma vez ativado, o recetor de somatostatina diminui a concentração de AMPc e Ca++ e aumenta o efluxo de K+, diminuindo assim a secreção de hormonas ou enzimas dos sistemas endócrino e exócrino, respetivamente.

A somatostatina inibe direta ou indiretamente a proliferação e o crescimento celular, activando a fosfotirosina fosfatase que inibe a progressão do ciclo celular e inibindo a secreção da hormona do crescimento e do fator de crescimento semelhante à insulina, que são necessários para a proliferação e sobrevivência das células. Fisiologia:

1. A somatostatina, como o nome indica, está envolvida na inibição da secreção da hormona do crescimento pela adeno-hipófise.

2. Somatostatina tem efeito anti-proliferativo efeito ou seja ou seja impede a a proliferação celular de células normais e cancerosas.

3. A somatostatina inibe a formação de vasos sanguíneos para as células tumorais durante a carcinogénese.

4. A somatostatina inibe a secreção da bílis, do suco gástrico, do

pâncreas exócrino, bem como da CCK e do VIP.

5. Para além do seu efeito inibidor no sistema exócrino e endócrino, a somatostatina actua como neurotransmissor em vários locais do cérebro.

6. A somatostatina suprime a atividade eléctrica dos neurónios da GnRH ao hiperpolarizar a membrana d o s neurónios.

Correlações clínicas:

1) O somatostatinoma, um tumor neuroendócrino raro do duodeno ou do pâncreas que segrega grandes quantidades de somatostatina, caracteriza-se por perda de peso, esteatorreia, diabetes mellitus, redução da produção de CCK e diminuição do esvaziamento da vesícula biliar.

2) A propriedade anti-proliferativa e anti-angiogénica da somatostatina é explorada para tratar a retinopatia diabética caracterizada pela neovascularização da retina e pela perda de visão se não for tratada.

Referências:

1) O'Toole TJ, Sharma S. Fisiologia, Somatostatina. [Atualizado em 2023 Jul 24]. In: StatPearls [Internet]. Treasure Island (FL): StatPearls Publishing; 2023 Jan-. Disponível em: https://www.ncbi.nlm.nih.gov/books/NBK538327/

2) Janardhan P. Bhattarai, Attila Kasza☐s, Seon Ah Park, Hua Yin, Soo Joung Park, Allan E. Herbison, Seong Kyu Han, Istva☐n M. A☐braha☐m. (2010). Inibição da somatostatina dos neurônios do hormônio liberador de gonadotrofina em camundongos fêmeas e machos. Endocrinologia, 151 (7), 3258-3266. https://doi.org/10.1210/en.2010-0148

3) Ricketts, H. T. (1975). Somatostatina, Inibidor Hormonal. *JAMA,* **231(4)**, 391-392. doi:10.1001/jama.1975.03240160055027.

4) Akira Arimura *et al*. (1975). Somatostatina: Abundância de Hormona Imunorreactiva no Estômago e Pâncreas de Rato. *Science*, **189**, 1007-1009(1975). DOI:10.1126/science.56779

5) Ampofo, E., Nalbach, L., Menger, M. D., & Laschke, M. W. (2020).

Mecanismos regulatórios da expressão da somatostatina. *Revista internacional de molecular ciências*, **21(11)**, 4170. https://doi.org/10.3390/ijms21114170.

Glucagon

O glucagon é um agonista da glucose com 29 aminoácidos de comprimento, predominantemente segregado pelas células alfa das ilhotas de Langerhans do pâncreas em resposta à hipoglicemia. Para além das células alfa, o proglucagon é também expresso nas células enteroendócrinas "L" do intestino e, em menor escala, nos neurónios do tronco cerebral e do hipotálamo. O proglucagon é transformado em glucagon pela enzima prohormona convertase-2, enquanto a prohormona convertase 1/3 transforma o proglucagon em peptídeo 1 semelhante ao glucagon (GLP-1) e peptídeo 2 semelhante ao glucagon (GLP-2) no intestino e no cérebro. O GLP-1 promove a saciedade e suprime o nível de glucagon, enquanto o GLP-2 promove o crescimento do epitélio intestinal.

O glucagon é segregado em resposta a refeições ricas em proteínas, hipoglicemia, jejum prolongado e exercício físico. O glucagon é segregado sob a influência de secretagogos como a hipoglicemia, os aminoácidos e o GIP, enquanto o GLP-1, a insulina, o Zn++, a somatostatina e a hiperglicemia inibem a secreção de glucagon. O glucagon está envolvido na manutenção da homeostase da glicose, estimulando a gluconeogénese e a glicogenólise e inibindo a glicólise e a glicogénese. O glucagon permanece na circulação durante 5-7 minutos no ser humano, após o que é removido da circulação pela enzima dipeptidilpeptidase-4 do fígado e do rim.

Genética:

O gene do glucagon GCG, também conhecido como GLP-1, GLP-2 ou GRPP, está localizado no braço longo do cromossoma 2, no locus 2q24.2. O gene tem 6 exões.

Mecanismo de ação:

O glucagon liga-se aos receptores de glucagon presentes nos hepatócitos, nos rins, nas glândulas supra-renais, no TGI e no pâncreas. Os receptores de glucagon pertencem à superfamília dos receptores acoplados à proteína G. A ligação do glucagon ao recetor ativa as proteínas G, nomeadamente a Gs e a Gq.

A ativação da proteína Gs leva à produção de AMPc que, por sua vez, ativa a proteína quinase A, que é translocada para o núcleo. A proteína cinase A fosforila a proteína de ligação do elemento de resposta ao AMPc (CREB). O CREB liga-se ao elemento de resposta hormonal do gene alvo, resultando na sua expressão.

Por outro lado, a Gq ativa a fosfolipase C que hidrolisa o PIP2 em DAG e IP3. O IP3 liga-se aos receptores de IP3 presentes no retículo endoplasmático das células, o que resulta num aumento dos níveis de cálcio intracelular. A ligação do Ca++ acciona a via CREB.

Fisiologia:

1) O glucagon mantém o estado estável da glucose no plasma, o que é fundamental para o funcionamento normal do cérebro e para o exercício dos músculos.

2) Quando o fornecimento de energia é limitado ou quando há um aumento da procura, o glucagon promove a formação de energia não proveniente de hidratos de carbono através da formação de corpos cetónicos (cetogénese) ou através da beta oxidação da acetil CoA formada como resultado da decomposição dos ácidos gordos. O glucagon inibe a lipogénese ao inibir a enzima responsável pela formação de ácidos gordos a partir dos hidratos de carbono.

3) A administração exógena de glucagon aumenta a contratilidade do coração e a frequência cardíaca, mas os níveis fisiológicos são ineficazes para excitar o coração.

4) O glucagon promove o gasto energético na fase de repouso indiretamente através do fator de crescimento dos fibroblastos-21.

5) O glucagon reduz o apetite e a ingestão de alimentos, quer por reação cruzada com os receptores GLP-1, quer por interação direta com o sistema nervoso central.

6) O glucagon regula positivamente as enzimas envolvidas na gluconeogénese, ou seja, a formação de glucose a partir de precursores não hidratos de carbono, como os aminoácidos. O glucagon reduz o nível de amoníaco no sangue, promovendo a conversão do amoníaco em ureia em animais ureotélicos, como peixes cartilagíneos, anfíbios e mamíferos.

Correlações clínicas:

1) O glucagon é utilizado para tratar a hipoglicemia grave induzida pela insulina.

2) Existe uma hipersecreção de glucagon nos doentes que sofrem de doença hepática gorda não alcoólica e de obesidade.

3) Os doentes que sofrem de diabetes de tipo 1 caracterizam-se por uma hipersecreção de glucagon, células alfa defeituosas e uma massa reduzida de células alfa, uma vez que a diabetes de tipo 1 não é tratada durante um período prolongado.

4) Devido à resistência das células alfa à insulina na diabetes de tipo 2, a contra-regulação do metabolismo da glicose é desregulada, resultando na hipersecreção de glucagon. A hipersecreção pós-prandial de glucagon é atribuída a uma origem extra-pancreática, ou seja, do TGI, em doentes diabéticos de tipo 2.

Referências:

1) Kieffer, T. J. e Habener, J. F. (1999). The Glucagon-Like Peptides. *Endocrine Reviews*, **20 (6)**, 876-913.

2) Rix I, Nexøe-Larsen C, Bergmann NC, et al. Glucagon Physiology. [Atualizado em 2019 Jul 16]. In: Feingold KR, Anawalt B, Blackman MR, et al., editores. Endotext [Internet]. South Dartmouth (MA): MDText.com, Inc.; 2000-. Disponível em   em: https://www.ncbi.nlm.nih.gov/books/NBK279127/

3) Irwin, D. M. (2020). Variação nas taxas de evolução dos genes da hormona e do recetor da insulina e do glucagon em roedores. *Gene*, **728**, 144296.

4) Hædersdal, S., Andersen, A., Knop, F. K., & Vilsbøll, T. (2023). Revisitando o papel do glucagon na saúde, diabetes mellitus e outras doenças metabólicas. *Revisões da natureza. Endocrinologia*, **19(6)**, 321-335.

5) Hædersdal, S. Lund, A., Knop, F. K., Vilsbøll, T. (2018). O papel do glucagon na fisiopatologia e no tratamento do diabetes tipo 2. *Anais da Clínica Mayo*, **93 (2)**, 217-239.

Insulina

Introdução:

A hormona insulina foi isolada pela primeira vez por Banting e Best (1922) a partir do pâncreas canino. O termo insulina deriva da palavra latina *insula*, que significa ilha, uma vez que é segregada pelos ilhéus que flutuam em abundância nos ácinos pancreáticos. Trata-se de uma pequena proteína de 51 aminoácidos e peso molecular de 5808 kDa. É constituída por duas cadeias; α (21 aminoácidos) e β (30 aminoácidos) unidas através de ligações dissulfureto inter e intra-cadeia. A insulina tem uma semi-vida plasmática de cerca de 6 minutos. É eliminada da circulação pela enzima insulinase, principalmente no fígado e, em menor grau, nos rins e nos músculos.

Embora seja historicamente associada ao "açúcar no sangue", afecta igualmente o metabolismo das proteínas e dos lípidos. A hormona está associada à abundância de energia, ou seja, quando os nutrientes energéticos são ingeridos em grandes quantidades, a insulina converte esses nutrientes na sua forma de armazenamento. Por exemplo, o excesso de hidratos de carbono é armazenado sob a forma de glicogénio no fígado e nos músculos, os aminoácidos sob a forma de proteínas e a gordura é armazenada no tecido subcutâneo/adiposo.

Genética:

O gene da insulina humana, INS, é um gene pequeno (1425 pb) localizado num braço curto do cromossoma 11, no locus 11p15.5. O gene é constituído por 3 exões e 2 intrões. Para além do gene INS, foram detectados no genoma humano nove outros genes que codificam péptidos semelhantes à insulina. Estes genes codificam 2 factores de crescimento semelhantes à insulina (IGF-1 e IGF-2), 4 factores semelhantes à insulina (INSL-3 a INSL-6) e 3 relaxinas (RLN-1, RLN-2 e RLN-3). O gene codifica uma proinsulina com 110 aminoácidos de comprimento. O péptido de sinal N-terminal é removido da proinsulina pela peptidase de sinal. As enzimas de conversão de pro-hormonas processam a proinsulina para formar insulina.

Mecanismo de ação:

A insulina liga-se a um recetor de superfície celular chamado recetor tirosina quinase que actua como proteína quinase, fosforilando as proteínas alvo. O resultado líquido da ligação da insulina ao recetor é

1. Aumento da permeabilidade do músculo e do tecido adiposo à glucose. A glucose afluente é rapidamente fosforilada e utilizada na via anabólica. O influxo rápido é auxiliado pelos GLUT que transportam a glucose e que se fundem com a membrana plasmática após a ligação à insulina.

2. As células tornam-se também mais permeáveis aos aminoácidos, ao K^+ e ao fosfato.

3. A ação mais lenta da insulina envolve alterações na atividade das enzimas devido à fosforilação e/ou alterações na taxa de tradução da enzima.

Fisiologia:

A insulina actua em três locais do corpo: no fígado, onde estimula a glicólise e a glicogénese; no músculo, onde estimula a glicogénese; e no tecido adiposo, onde estimula a conversão da glicose em gordura. A insulina estimula a construção muscular, estimulando a síntese proteica e inibindo a proteólise, juntamente com a GH e as somatomedinas.

Correlações clínicas:

A insulina está implicada na diabetes mellitus, que se caracteriza por glicosúria (presença de glicose na urina), poliúria (micção excessiva e frequente) e polidipsia (sede excessiva). Existem dois tipos de diabetes: tipo-
A diabetes de tipo 1 caracteriza-se por uma secreção insuficiente de insulina, enquanto a diabetes de tipo 2 se caracteriza por uma resistência à insulina. A primeira pode ser tratada com insulinoterapia. Se não for tratada com insulina, provoca cetoacidose, hálito cetónico, neuropatias, lesões oculares e renais.

Referências:

1) Irwin, D. M. (2021). Evolução do gene da insulina: mudanças no número, sequência e processamento do gene. *Front. Endocrinol*, **12**, 649255. doi: 10.3389/fendo.2021.649255.

2) Dagasan, S. e Erbas, O. (2020). Estrutura da insulina, função e

modelos de diabetes em animais. *Jornal de Ciências Médicas Experimentais e Básicas*, **1 (3)**, 96-101. 10.5606/jebms.2020.75622.

3) Martin, R. J., Ramsay, T. G. e Harris, R. B. S. (1984). Central role of insulin in growth and development. *Domestic Animal Endocrinology*, **1 (2)**, 89-104. https://doi.org/10.1016/0739-7240(84)90024-9.

4) Qaid, M. M. & Abdelrahman, M. M.| Pedro González-Redondo (Editor Revisor). (2016). Papel da insulina e outras hormonas relacionadas no metabolismo energético - uma revisão. *Cogent Food & Agriculture*, **2**, 1. DOI: 10.1080/23311932.2016.1267691.

5) Kahn, C. R. (1985). O mecanismo molecular da ação da insulina. *Revisão Anual de Medicina*, **36**, 429-451.

6) Rahman, M. S., Hossain, K. S., Das, S., Kundu, S., Adegoke, E. O., Rahman, M. A., Hannan, M. A., Uddin, M. J., & Pang, M. G. (2021). Papel da insulina na saúde e na doença: Uma atualização. *Revista internacional de   molecular ciências*, **22(12)**, 6403. https://doi.org/10.3390/ijms22126403.

7) Gupta, B. B. P. (1997). Mecanismo de ação da insulina. *Current Science*, **73(11)**, 993-1003. http://www.jstor.org/stable/24101297.

8) Petersen, M. C., & Shulman, G. I. (2018). Mecanismos de ação da insulina e resistência à insulina. Revisões fisiológicas, 98 (4), 2133-2223. https://doi.org/10.1152/physrev.00063.2017.

I want morebooks!

Buy your books fast and straightforward online - at one of world's fastest growing online book stores! Environmentally sound due to Print-on-Demand technologies.

Buy your books online at
www.morebooks.shop

Compre os seus livros mais rápido e diretamente na internet, em uma das livrarias on-line com o maior crescimento no mundo! Produção que protege o meio ambiente através das tecnologias de impressão sob demanda.

Compre os seus livros on-line em
www.morebooks.shop

Printed by Books on Demand GmbH, Norderstedt / Germany